Bibliografische Information der Deutschen Nationalbibliothek:

Die Deutsche Bibliothek verzeichnet diese Publikation in der Deutschen Nationalbibliografie; detaillierte bibliografische Daten sind im Internet über http://dnb.d-nb.de/ abrufbar.

Impressum:

Druck und Bindung: Books on Demand GmbH, Norderstedt Germany
ISBN: 978-3-656-48367-0

Rene Schien

Antriebssysteme in der Maschinentechnik: Verbrennungsmotoren

GRIN Verlag

Hausarbeit zum Thema

Antriebssysteme

Für die Veranstaltung Maschinentechnik

Inhaltsverzeichnis

1. Einleitung

Diese Hausarbeit für den Fachbereich der Maschinentechnik soll dem Leser einen Einblick in den Bereich der Antriebssysteme geben.

Im Folgenden sollen dabei nur Verbrennungsmotoren als Antriebssystem betrachtet werden. Natürlich gibt es auch diverse andere Antriebssysteme wie z.B. Elektromotoren oder Dampfmaschinen. Im Rahmen meines Seminars wurden von mir allerdings nur die Verbrennungsmotoren aufgrund der Komplexität dieses Themas ausführlich betrachtet. Somit wird hierin auch der Schwerpunkt dieser Hausarbeit liegen.

Zu Beginn sollen Grundsätzliche Sachverhalte und Wirkprinzipien der Verbrennungsmotoren verständlich dargestellt werden. Es werden dabei Der Otto- und der Dieselmotor zunächst grob erläutert. Anschließend werden die Zwei- und Viertaktprinzipien anhand des Ottomotors erklärt und differenziert. Ich beginne mit dem Viertaktprinzip, da die Prozesse dort klarer voneinander getrennt sind als beim Zweitakt- Prinzip und daher leichter verständlich sind. Abschließend werden diese Prinzipien auf den Dieselmotor übertragen und Unterschiede bzw. Vor- und Nachteile der beiden Motorenarten aufgezeigt.

Es wäre auch möglich, zu Beginn **nur** den Ottomotor einzuführen und das Zwei- und Viertaktprinzip daran darzustellen, um danach erst den Dieselmotor zu erwähnen und als Erweiterung einzuführen. Viele Lehrbücher machen dies auch so. Ich habe mich aber dafür entschioden den Dieselmotor zu Beginn (mit dem Hinweis dass später eine einfache Übertragung des Zwei- bzw. Viertaktprinzips folgen wird) gleichwertig aufzuführen. Dies hat zwei Gründe: Erstens hat der Leser so gleich einen kompletteren Überblick über die Arbeit und mein Vorgehen. Zweitens wirkt der Dieselmotor bei einem hinzufügen oder anhängen am Ende meiner Meinung nach auch nur wie ein Anhängsel oder eine kleine Erweiterung. Dabei ist der Dieselmotor aber tatsächlich eine alleinige komplette Konstruktion die im Konkurrenzkampf zum Ottomotor steht.

Danach sollen dem Leser einige Entwicklungen der Motorentechnik in ihrem wichtigsten Wirtschaftszweig, der Automobilbranche, dargelegt werden. Dabei gehe ich zunächst auf die Entwicklung von der Vergangenheit bis heute ein. Ich werde dann einen Ausblick in die Zukunft geben, wie sich die Motorentechnik weiterentwickeln könnte. Ich finde besonders in der Automobilbranche sind die vergangenen und künftigen Entwicklungen und Erfindungen für jeden Techniker interessant und wissenswert.

An einer pädagogischen Hochschule muss natürlich auch über eine Umsetzung im Unterricht nachgedacht werden. Deswegen werde ich eine mögliche Umsetzung dieses Themengebietes im Schulunterricht aufzeigen, indem ich verschiedene Methoden und Ideen zur Durchführung einer Unterrichtseinheit zu diesem Thema erläutere. Daran knüpft eine Auflistung der Kompetenzen des Bildungsplans an, welche abgedeckt werden können.

Als Abschluss folgt dann noch eine kleine Reflexion über diese Hausarbeit.

2. Der Verbrennungsmotor

Definition: "Ein Verbrennungsmotor ist eine Wärmekraftmaschine, die chemische Energie eines Kraftstoffs durch „innere" Verbrennung, also ohne zwischengeschaltete Energieträger, in mechanische Arbeit umwandelt." [Wikipedia 2010, Verbrennungsmotor]

Der Verbrennungsmotor gehört zur Gattung der Hubkolbenmotoren.

Verbrennungsmotoren werden grundsätzlich in Otto- und Dieselmotoren unterschieden. Wir werden nun zuerst den Ottomotor betrachten.

2.1 Ottomotor

Abb. 1: Nicolaus Otto [Wikipedia 2010, Nicolaus Otto]

Der Ottomotor ist nach Nikolaus August Otto (1832-1891) benannt. Bei ihm wird ein Kraftstoff- Luft- Gemisch eingespritzt und durch eine aktive Zündvorrichtung (Zündkerze) gezündet. In der Regel werden Ottomotoren mit Benzin betrieben. Man unterteilt Ottomotoren je nach Arbeitsweise in Zwei- und Viertakter.

2.2 Dieselmotor

Abb. 2: Rudolf Diesel [Wikipedia 2010, Rudolf Diesel]

Nun kommen wir zum Dieselmotor. Der Dieselmotor ist nach Rudolf Diesel (1858-1913) benannt. Bei ihm gibt es einige Unterschiede aber auch Gemeinsamkeiten zum Ottomotor. Der Dieselmotor ist wie der Ottomotor ein Verbrennungsmotor und kann ebenfalls als Zwei- oder Viertaktmotor arbeiten. Der fundamentale Unterschied zur Betriebsart des Ottomotors ist, dass er mit Diesel Kraftstoff (der Ottomotor nutzt Benzin) betrieben wird und ein Selbstzünder ist. D.h. er zündet von alleine und benötigt so keine aktive Zündquelle (Zündkerze). Was genau dies bedeutet wird später noch dargestellt.

2.3 Viertakt- Ottomotor

Zuerst untersuchen wir nun den Grundaufbau eines Viertakt- Ottomotors. Wir werden anschließend das Viertakt- sowie das Zweitaktprinzip nur im Bezug auf einen Ottomotor anschauen. Danach werden wir diese Prinzipien auf den Dieselmotor übertragen.

Zu beachten ist noch, dass die nun kommenden Abbildungen alle immer nur einen Zylinder abbilden. Im Bezug auf moderne Automobile muss erwähnt werden, dass dort Motoren genutzt werden, die mehrere Zylinder (in der Regel drei-zwölf, je nach Leistung) parallel betreiben um eine hohe Gesamtleistung zu erreichen.

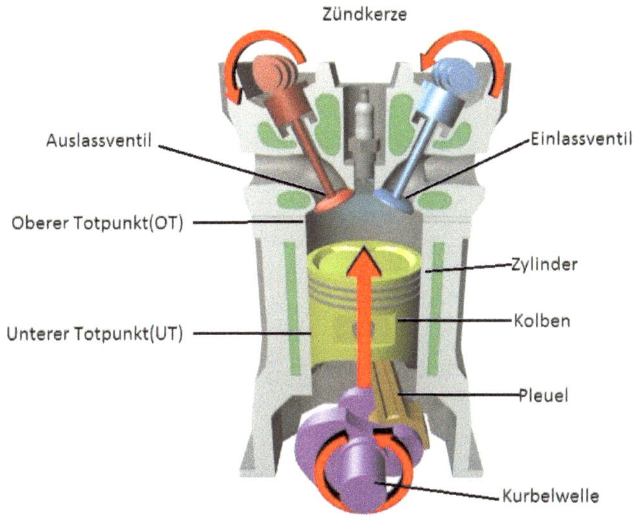

Abb. 3: Viertaktmotor Animation [Wikipedia 2010, Ottomotor]

In obiger Grafik sind die einzelnen Bauteile eines Vierakters vereinfacht dargestellt. Sie sollen nun erläutert werden.

Zylinder: Als Zylinder wird der Raum bezeichnet indem der Kolben auf- und absteigt.

Kolben: Er bewegt sich beim Arbeiten im Zylinder nach oben und unten. Warum sich der Kolben bewegt wird später noch betrachtet.

Pleuel: Das Pleuel überträgt die Kraft des sich bewegenden Kolben auf die Kurbelwelle.

Kurbelwelle: Es wandelt die Auf- und Abwärtsbewegung des Kolbens in eine Drehbewegung um und leitet diese weiter.

Einlassventil: Hier tritt Kraftstoff- Luft- Gemisch, das zur Verbrennung nötig ist ein.

Auslassventil: Hier werden nach der Verbrennung die Abgase entweichen.

Zündkerze: Sie zündet das Kraftstoff- Luft- Gemisch mit einem Funken.

Oberer Totpunkt: Dies ist die **höchstmögliche** Position im Zylinder, an der sich der Kolben befinden kann.

Unterer Totpunkt: Dies ist die **tiefstmögliche** Position im Zylinder, an der sich der Kolben befinden kann.

2.4 Viertakt- Prinzip

Nun wird beschrieben, wie das Viertaktprinzip arbeitet. Jeder der vier Punkte steht dabei für einen Takt.

- 1. Ansaugen: Der Kolben bewegt sich nach UT. Das Einlassventil ist offen, das Kraftstoff- Luft -Gemisch wird durch Abwärtsbewegung des Kolbens angesaugt.
- 2. Verdichten: Der Kolben bewegt sich nach OT, es sind beide Ventile geschlossen, das Kraftstoff- Luft- Gemisch wird komprimiert (verdichtet).
- 3. Arbeiten: Die Ventile sind weiterhin geschlossen, kurz bevor der Kolben den OT erreicht zündet die Zündkerze und Kraftstoff- Luft- Gemisch. Es explodiert und treibt Kolben nach UT.
- 4. Ausstoßen: Kolben bewegt sich nach OT, das Auslassventil ist offen. Der Kolben drückt Abgas aus dem Zylinder.

[vgl. Thane 2010, Grundwissen]

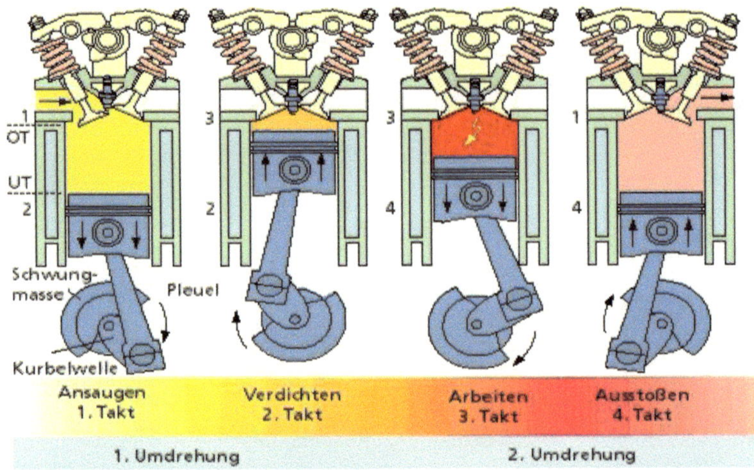

Abb. 4: Viertakt- Prinzip [Thane 2010, Grundwissen]

2.5 Zweitakt- Ottomotor

Beim Zweitakt- Ottomotor ist der Grundaufbau dem Viertaktmodell sehr ähnlich. In gleicher Funktion werden hier Zylinder, Kolben, Pleuel, Kurbelwelle und die Zündkerze verwendet. Allerdings gibt es kein Ein- oder Auslassventil. Stattdessen wird das Ansaugen und Ablassen der Gase und Gemische durch sogenannte Kanäle (auch Schlitze genannt) gesteuert. Hier gibt es Allerdings drei Kanäle (Einlasskanal, Überströmkanal, Auslasskanal. Siehe Abb. 5).

2.6 Zweitakt- Prinzip

- 1. Takt: Der Kolben wandert von UT nach OT. Durch den Überströmkanal strömen Frischgase aus dem Kurbelgehäuse in den Zylinder. Dabei werden die Abgase in den Auslasskanal gedrängt.

  Der aufwärtsgehende Kolben verschließt Überström- und Auslasskanal und komprimiert das Kraftstoff- Luft- Gemisch. Durch den entstehenden Unterdruck unter dem aufwärtsgehenden Kolben wird frisches Kraftstoff- Luft- Gemisch aus dem Ansaugtrakt über den Einlasskanal in das Kurbelgehäuse gesogen.
- 2. Takt: Die Zündkerze zündet das Kraftstoff- Luft- Gemisch. Der Kolben wandert nach UT. Dabei komprimiert er das neue Kraftstoff- Luft- Gemisch im Kurbelgehäuse.

  [vgl. Thane 2010, Grundwissen]

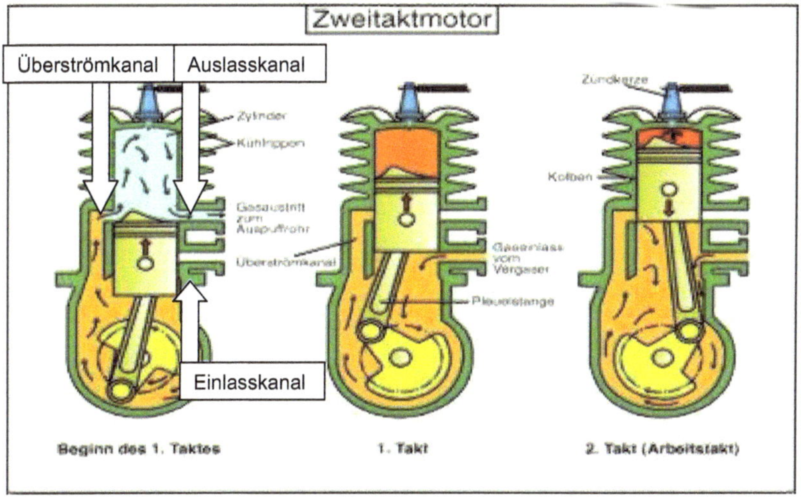

Abb. 5: Zweitakt- Prinzip

Bearbeitete Grafik nach Vorlage [vgl. Thane 2010, Grundwissen]

Im Endeffekt fallen zum Viertaktmodell also einfach zwei Takte Weg. Das Ansaugen und Ausstoßen benötigt hier keine eigenen Takte!

2.7 Unterschiede des Zwei- und Viertakt- Ottomotors

Nachfolgend sind nun die wesentlichen Unterschiede des Zwei- und Viertakt- Ottomotors tabellarisch aufgeführt.

	Viertaktmotor	**Zweitaktmotor**
Steuerung	Ventilsteuerung	Schlitzsteuerung
Arbeitstakt	bei jeder 2. Umdrehung (durch die zwei Extra Takte für das Ansaugen und Ausstoßen, wo nicht gearbeitet wird)	bei jeder Umdrehung
Spülung	durch Kolben	durch Frischgase
Verwendung	Gesamter Automobil-Motorradbau	Roller, Modellautos, Rasenmäher, kleinere Aufgaben

2.8 Vor- und Nachteile des Zweitakt- Ottomotors

In dieser Tabelle sind nun die gegenseitigen Vor- und Nachteile der beiden Motorenarten aufgelistet.

	Viertaktmotor	**Zweitaktmotor**
Aufbau	Durch Ventilsteuerung: aufwendig, teuer, viele bewegliche Teile	Durch Schlitzsteuerung: einfach, billig, wenige bewegliche Teile -> weniger Defekte
Spülverluste	keine	rund 30%
Kraftstoffverbrauch	geringer	höher
Leistung	geringere Leistung bei gleichem Hubraum	höhere Leistung bei gleichem Hubraum (somit für gleiche Leistung kleinerer Motor und damit weniger Gewicht)
Abgasemissionen	niedriger	höher
Lebensdauer	höher	niedriger (thermische Belastung)

2.9a Unterschiede der Arbeitsweise des Dieselmotors im Vergleich zum Ottomotor

Wie schon erwähnt arbeitet der Dieselmotor ebenfalls als Zwei- oder Viertakter. Die Arbeitsweise ist dem Ottomotor nahezu gleich. Bis auf folgende Unterschiede:

Im Gegensatz zum Ottomotor (Kraftstoff- Luft- Gemisch) saugt er **nur Luft** in den Zylinder.

Diese Luft wird sehr stark verdichtet. Durch die höhere Verdichtung wird die komprimierte Luft sehr viel heißer als beim Ottomotor.

Kurz vor dem oberen Totpunkt wird nun fein zerstäubter Diesel Kraftstoff eingespritzt (siehe Abb. 6). Der Kraftstoff verdampft und entzündet sich dabei von alleine. Er benötigt also keinen Zündfunken.

Wie auf der Abbildung zu sehen, haben Dieselmotoren typischerweise eine Auskerbung im oberen Bereich des Kolbens, indem die Luft verdichtet wird (siehe roter Kreis). Diese Abbildung zeigt ein Viertakt- Dieselmotor (zu erkennen am Ein- und Auslassventil) zu Beginn des dritten Taktes (es wurde gerade der Dieselkraftstoff eingespritzt und entzündet sich selbst. Der Kolben wandert nach UT).

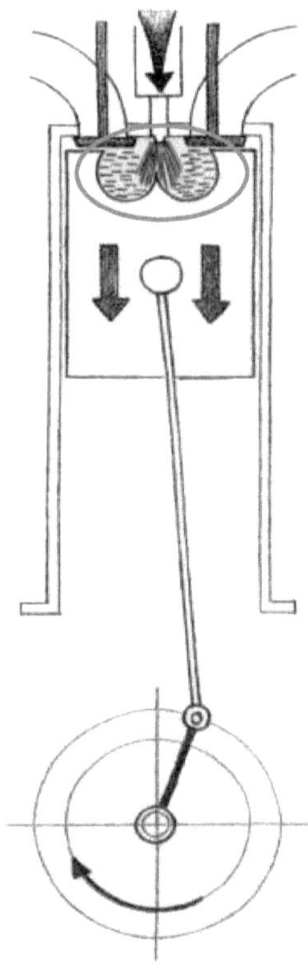

Abb. 6: Dieselmotor

Bearbeitete Grafik nach Vorlage [vgl. Zentralschweizer Bildungsserver 2000, Dieselmotor 3/4]

2.9b Grundsätzliche Unterschiede des Otto- und Dieselmotors

Hier sind nun die wesentlichen Unterschiede des Otto- und Dieselmotors tabellarisch aufgeführt.

	Ottomotor	**Dieselmotor**
Kraftstoffart	Benzin	Diesel
Gemischbildung	äußere Gemischbildung	innere Gemischbildung
Zündung	Fremdzündung	Selbstzündung
Verdichtungsverhältnis	8:1-11:1	14:1-21:1
Höchsttemperatur	400-600°C	700-900°C

2.9c Vor- und Nachteile des Dieselmotors

Welche Vor- und Nachteile der Dieselmotor gegenüber dem Ottomotor hat ist hier nun in Stichpunkten dargestellt.

- Vorteile
  - Geringerer Kraftstoffverbrauch infolge des besseren thermischen Wirkungsgrades (resultierend aus dem höheren Verdichtungsverhältnis)
  - weniger CO, CO2, und HC Emissionen
  - höhere Zuverlässigkeit und längere Lebensdauer
- Nachteile
  - Höheres Gewicht, aufgrund der verstärkten Bauweise (höhere Verbrennungsdrücke)
  - Partikelausstoß (Feinstaub)
  - Höhere Produktionskosten
  - Geräuschentwicklung

Es gibt noch weitere kleinere Vor- und Nachteile, diese gehen aber sehr ins Detail und sollen in dieser Arbeit nicht behandelt werden.

3. Entwicklung und Zukunft der Motorentechnik im Automobilbereich

Die stetige Weiterentwicklung der Motoren der letzten Jahre hat die Effizienz bei der Energiegewinnung deutlich erhöht. Beispielsweise hat heutzutage ein moderner zwei Liter Motor mehr Leistung als ein zwei Liter Motor aus den 80er oder 90er Jahren. Ebenfalls haben sich die Verbrauchswerte zu älteren Modellen erheblich gesenkt. Besonders hervorzuheben sind sicherlich auch die deutlich niedrigeren Emissionen, die zusammen mit dem niedrigeren Kraftstoffverbrauch erheblich umweltfreundlicher sind.

Von diesen positiven Entwicklungen sind vor allem Viertaktmotoren betroffen, da dieser den gesamten Automobilbau beherrscht. Der Zweitaktmotor ist im Vergleich dazu etwas entwicklungsrückständig, was auch natürlich daran liegt, dass dort weniger Handlungsbedarf herrscht.

Gesondert zu erwähnen ist selbstverständlich der Dieselmotor, der in den letzten Jahren technisch enorm weiterentwickelt wurde (Bsp. der Feinstaubfilter, starke Turbodieselmodelle etc.) und so durch die Verbesserung in den Bereichen Leistung und Umweltverträglichkeit dem dominierenden Ottomotor bis vor kurzem einige Marktanteile abgenommen hat. Aktuell sind die Zulassungszahlen von Dieselmotoren aber wieder im Rückgang, was mehrere Gründe hat. Zum einen wurden durch die Abwrackprämie mehr Kleinwagen verkauft, die häufig Benzinmotoren haben (z.B. aus Kostengründen, der Kleinwagen soll günstig sein. Ebenso lohnt ein Dieselkauf häufig erst ab hohen jährlichen Laufleistungen. Kleinwagen werden aber häufig von Kurzstreckenfahrern gekauft). Zum anderen Bremsen den Dieselmotor noch weitere Faktoren aus, wie dieses aktuelle Zitat belegt:

"Er macht zudem die Weiterentwicklung der Benziner für die Diesel-Schwäche verantwortlich: "Die immer höhere Effizienz bei den Motoren von Benzinern, die Einführung von Umweltzonen und die zeitweise weitgehend identischen Preise von Benzin und Diesel-Kraftstoff haben Diesel-Autos kräftig Marktanteile gekostet." [...] Im November 2007 war nach Angaben von Autoexperte Dudenhöffer noch jeder zweite in Deutschland verkaufte Neuwagen ein Diesel. "Doch daran wird der Diesel nicht mehr anknüpfen können, seine Hochzeit ist vorbei", prophezeit er. In Zukunft dürften schärfere Abgas-Vorschriften, die in den kommenden Jahren in Kraft treten, für eine weitere Kaufzurückhaltung bei Diesel-Autos sorgen. Durch strengere Normen wie etwa für den Stickoxid-Ausstoß werde die Produktion von Diesel-Fahrzeugen teurer, weswegen auch die Preise bei den Händlern anzögen." [Welt Online 2009, Der Diesel gerät ins Stottern]

In Zukunft werden hinzukommend neue Antriebssysteme die Marktanteile des klassischen Diesels sowie des klassischen Benziners senken (momentan sind diese beiden Antriebsarten die klar dominierenden). Die Menschheit ist darauf angewiesen alternative Antriebssysteme der breiten Masse zugänglich zu machen.

Zum einen aus Gründen des Umweltschutzes, zum Anderen natürlich weil der Erde die Ölreserven ausgehen werden. Vor einigen Jahren noch galt die Brennstoffzelle als Lösung. Doch es hat sich gezeigt, dass es noch sehr lange dauern wird, bis die Brennstoffzelle Serienreif werden wird. Momentan gibt es deshalb zwei konkrete Entwicklungsrichtungen, die in den Medien auch ständig Anklang finden.

1. **Das Hybrid-Auto**: Hier sind ein Benzin- oder Dieselmotor gepaart mit einem Elektromotor. Der Akku des Elektromotors gewinnt dabei schon aufgebrachte Energie des Verbrennungsmotors hauptsächlich beim Bremsen durch eine Nutzbremse wieder zurück um damit später durch den Betrieb des Elektromotors Kraftstoff zu sparen. Je nach Modell ist dabei bei niedrigen Geschwindigkeiten auch ein reiner Elektromotor- Antrieb möglich. Die Marktanteile sind hier noch sehr gering, doch es zeigt sich eine Tendenz nach oben und man kann davon ausgehen, dass mittelfristig sehr viel mehr Hybrid- Autos zu sehen sein werden.

2. **Das Elektroauto**: Bei dieser Variante wird das Automobil nur von einem Elektromotor angetrieben. Diese Antriebsart ist nochmals deutlich Umweltfreundlicher als das Hybrid- Auto. Aufgrund des nicht mehr vorhandenen Verbrennungsmotors gibt es hier keinen Schadstoffausstoß mehr. Es wird kein Kraftstoff mehr getankt sondern das Automobil wird an einer Steckdose mit Strom geladen (Eventuell ist auch eine Ladung über Solarkollektoren möglich). Das Elektroauto ist allerdings noch sehr teuer und steckt noch in den Kinderschuhen (wenige Möglichkeiten an Strom zu kommen wenn man Unterwegs ist, niedrige Laufzeiten pro Ladevorgang etc.). Das Elektroauto befindet sich gerade erst in der Testphase. Das Hybrid-Auto ist hier schon um einiges weiter und es wird noch einige Zeit vergehen bis das Elektroauto Salonfähig sein wird.

Wie genau sich die Motorentechnik nun auch entwickeln wird, der Trend ist eindeutig. Die Umweltfreundlichkeit steht derzeit bei sämtlichen Autobauern bei der Entwicklung neuer Antriebsmöglichkeiten an erster Stelle. Es werden mittelfristig also erheblich umwelt-freundlichere Autos gebaut werden als dies bisher der Fall war.

4. Mögliche Umsetzungen in der Schule mit Bildungsplanbezug

4.1 Umsetzung im Unterricht

In diesem Kapitel sollen nun Anregungen für eine Unterrichtseinheit über Verbrennungsmotoren gegeben werden. Das Großthema Antriebssysteme ist wie eingangs schon erwähnt umfassender. Dennoch ist der zentrale Kern der Antriebssysteme die Technik der Verbrennungsmotoren. Da die Unterrichtszeit sowieso eingegrenzt ist, sollte somit auch im Unterricht der zentrale Kern im Vordergrund stehen.

Eine Umsetzung des Themas Verbrennungsmotoren im Unterricht wäre sicherlich eine eher theoretisch geprägte Einheit. Ganz einfach aus dem Grund, dass ein praxisnahes bauen oder konstruieren von kleinen oder großen Motoren aus mehreren Gründen (Bau eines Motorblocks im schulischen Rahmen nicht möglich, Kosten, Explosionsgefahr, Abdichtung des Motors etc.) nicht möglich ist. Hinzukommend kann eine Person beim Betrachten eines Motors von außen auch nichts von den Prozessen und Abläufen innerhalb des Motors sehen, was eine Vorstellung noch erschwert.

Doch zurück zu unseren Verbrennungsmotoren. Man könnte nun Fragen, ob es denn ob der schwierigen praktischen Umsetzung überhaupt sinnvoll wäre dieses Thema in den Unterricht einzubringen. Es gibt aber auch vieles, was eine Behandlung dieses Themas rechtfertigen würde. Zuerst ist hier natürlich zu anzumerken, dass das Thema Antriebssysteme bzw. Verbrennungsmotoren im Bildungsplan der Realschule konkret aufgeführt ist. Doch hier sollen nun Begründungen für diese Auflistung im Bildungsplan gefunden werden.

Das Themengebiet der Verbrennungsmotoren zeigt einige wichtige Sachverhalte wie z.B. mechanische Kraftübertragung, Verbrennung bzw. Explosion von chemischen Gemischen oder das Prinzip der Verdichtung. Nicht zu vergessen ist die Motorentechnik eines der wichtigsten und interessantesten Gebiete der Maschinentechnik. Hinzukommend trifft dieses Thema wohl auf großes Interesse bei den Schülern. Man sieht Autos überall in den Medien und auf der Straße. Vor allem unter Jugendlichen gelten Autos gemeinhin als "cool" und einige werden sicher auch den Moped-/Rollerführerschein haben bzw. erwerben wollen. Der Mobilität des Menschen geschuldet wird dieses Thema auch in naher und ferner Zukunft von großer Bedeutung sein und die Schülerinnen und Schüler müssen auch dafür sensibilisiert werden, die zukünftige Entwicklung der Motorentechnik insbesondere im Hinblick auf den Umweltschutz einordnen und bewerten zu können.

Nun kommen wir zu einigen Möglichkeiten dieses Thema im Unterricht umzusetzen. Wie schon angedeutet wird eine Umsetzung eher theoretisch sein.

Die Einheit sollte vom Einfachen zum Komplexen aufgebaut sein, da man die Prozesse die innerhalb des Motors ablaufen ohne Klärung der einfachen Fragen und Verstehen des Zusammenspiels der Teile kaum nachzuvollziehen sind. Es würde sich empfehlen in das Thema mit einem historischen Rückblick einzusteigen. Hierbei kann natürlich auf die Dampfmaschine eingegangen werden, die schon nach dem Prinzip der Verdichtung gearbeitet hat und gegenüber einem Motor relativ einfach zu verstehen ist, aber dennoch schon einige

Grundprinzipien der Motortechnik nutzte. Sie gilt ja auch als Vorreiter klassischer moderner Motoren.

Um die Prozesse innerhalb eines Verbrennungsmotors anschließend nach und nach deutlich zu machen können diverse Modelle (Realmodelle, Schnittmodelle, Funktionsmodelle) und einzelne Teile eines Motors (Kolben, Pleuel etc.) genutzt werden. Hierbei würde ich dieselbe oder zumindest eine ähnliche Reihenfolge der Inhalte (Ottomotor, Dieselmotor, Zweitakt- Prinzip, Viertaktprinzip) wie in dieser Hausarbeit empfehlen, da sie meiner Meinung recht anschaulich ist und eben vom Einfachen zum Komplexen hin aufbaut.

Eventuell wäre auch die Demontage eines kleinen Motors (z.B. 50ccm Rollermotor) sinnvoll, um in das Innenleben blicken zu können.

Wenn möglich wäre eine Betriebserkundung bei einem Motoren- oder Automobilhersteller für die Schüler sehr interessant. So etwas ist natürlich nicht immer leicht zu organisieren bzw. durchzusetzen, aber vor allem im Hinblick auf die Berufswahl wäre die Erkundung solcher technikbezogener Arbeitsplätze sicher nicht schädlich. Eventuell wäre dies auch klassenübergreifend mit mehreren Klassen/ Lehrern durchführbar. An meiner früheren Schule wurde dies so praktiziert und damals hat diese Erkundung großen Eindruck bei mir hinterlassen.

Auch im Hinblick auf die schon erwähnte Sensibilisierung für den Umweltschutz, wäre die Betriebsbesichtigung eines Automobilherstellers dienlich. Dort werden die Schülerinnen und Schüler mit Sicherheit mit den Entwicklungen des Herstellers in Sachen Umweltfreundlichkeit konfrontiert.

Wichtig ist beim behandeln des Themengebietes generell, das die Prinzipien (Verdichtung, Verbrennung etc.) verstanden werden. Das kennen von Details wie z.B. der Schmierung des Motors oder das kennen jedes Bauteils eine Motors sind nicht von Bedeutung.

4.2 Bildungsplanbezüge

Aus dem Bildungsplan könnten folgende Kompetenzen mit dem Thema Verbrennungsmotoren abgedeckt werden (Es ist zu beachten, dass ich hier davon ausgegangen bin, dass o.g. Betriebsbesichtigung möglich ist.):

Realschule Bildungsplan 2004:

Technik:

Die Schülerinnen und Schüler können:

- technische Herstellungsprozesse und Objekte hinsichtlich ihrer Bedeutung und ihrer Auswirkungen auf Mensch und Umwelt abschätzen;
- durch Betriebserkundungen und Einblicke in die Arbeitswelt ihre beruflichen Interessen und Neigungen abschätzen;
- die Wirkungsprinzipien von Verbrennungsmotoren erklären;
- alternative Kraftstoffe und Antriebssysteme nennen;
- die Bedeutung der Mobilität in unserer Gesellschaft und deren ökologische Folgen benennen;
- Kriterien zur begründeten Auswahl von Transportmitteln im privaten Bereich ermitteln und anwenden;
- die Folgen abschätzen, die durch massenhafte Herstellung, Gebrauch und Außer-Gebrauch-Nehmen von Kraftfahrzeugen entstehen;
- durch Einblicke in Berufsfelder im Bereich Transport und Verkehr ihre beruflichen Interessen und Neigungen abschätzen;
- den Unterschied zwischen fossilen, nuklearen und regenerativen Primärenergieträgern und den Begriff Nutzenergie erklären;
- technische Möglichkeiten zur Energieeinsparung im privaten oder schulischen/ öffentlichen Bereich nennen;
- ihre eigenen Fähigkeiten und Interessen für technische Berufsfelder abschätzen.

[vgl. Ministerium für Kultus, Jugend und Sport Baden-Württemberg 2004, S. 146 ff.]

Hauptschule/Werkrealschule Bildungsplan 2010:

Materie- Natur- Technik:

Die Schülerinnen und Schüler:

- können Formen der Ausbreitung thermischer Energie untersuchen;
- können die Auswirkungen menschlichen Handelns auf die Natur bewerten und ihr eigenes Verhalten begründen;
- kennen verschiedene Energieformen und untersuchen deren Umwandlung;
- kennen Möglichkeiten, Energie verantwortungsvoll und umweltgerecht zu nutzen;
- können den technologischen Wandel unter ökonomischen, ökologischen und gesellschaftlichen Gesichtspunkten bewerten und ihr eigenes Verhalten reflektieren.

[vgl. Ministerium für Kultus, Jugend und Sport Baden-Württemberg 2010, S. 114 ff.]

Wirtschaft- Arbeit- Gesundheit:

Die Schülerinnen und Schüler können:

- Prinzipien der Nachhaltigkeit bei der Herstellung und beim Kauf von Produkten berücksichtigen;
- Erfahrungen aus Erkundungen und Praktika reflektieren und präsentieren;
- Produkte und technische Neuerungen im Hinblick auf eigene Kaufentscheidungen begründet bewerten;
- verschiedene Berufe erkunden und verstehen, dass sich Berufsbilder im Wandel befinden.

[vgl. Ministerium für Kultus, Jugend und Sport Baden-Württemberg 2010, S. 122 ff.]

Natur und Technik:

Die Schülerinnen und Schüler:

- können Antriebssysteme bezüglich Umweltverträglichkeit (Lärm und Abgasverminderung) und Nachhaltigkeit bewerten

[vgl. Ministerium für Kultus, Jugend und Sport Baden-Württemberg 2010, S. 104 ff.]

Sieht man sich nun die Bildungsplanbezüge an, erkennt man schnell, dass für die Abdeckung der geforderten Kompetenzen bei der Realschule das Thema Antriebssysteme/ Verbrennungsmotoren unverzichtbar ist und auch eine gewisse Tiefe haben sollte. Beim neuen Bildungsplan zur Werkrealschule (Hauptschule) ist dies nicht unbedingt der Fall, wenngleich mit diesem Thema auch einige Kompetenzen abgedeckt werden können.

5. Reflexion

Es hat mich sehr gefreut, als ich bei der Verteilung der Themen den Abschnitt Antriebssysteme bekommen konnte.

Dieses Thema ist so komplex und interessant wie sonst nur wenige. Da ich mich mit diesem Thema vorher schon ein wenig auskannte waren mir einige Grundlagen schon bekannt (Zwei- bzw. Viertaktprinzip). Doch natürlich sind mir sehr viele Funktionen und Details neu gewesen oder zumindest klarer geworden (z.B. genaue Unterschiede bzw. Vor- und Nachteile der Motorenarten). Selbst in der Präsentation im Seminar habe ich durch die aufkommenden (sehr speziellen) Fragen noch einiges lernen können.

Komplett neues Wissen habe ich über die Historie, die Dampfmaschine und den Wankelmotor erfahren, über die ich zuvor sehr wenig wusste. Besonders Interessant fand ich den Bereich der aktuellen bzw. zukünftigen Entwicklung bei der Motoren- und Automobilindustrie und bin wirklich gespannt wie sich diese letztendlich nun weiterentwickeln werden. Mir hat die Arbeit an diesem Thema jedenfalls Spaß gemacht und mich in diesem Bereich auch erheblich weitergebracht.

6. Literaturangaben:

Bohner, Max; Gescheidle Rolf; Leyer, Siegfried u. a. (1994):
Fachkunde Kraftfahrzeugtechnik

Horst, Herr; Ewald, Bach; Ulrich, Maier; Falko, Wieneke (2008):
Kraft- und Arbeitsmaschinen (15. Auflage)

Ministerium für Kultus, Jugend und Sport Baden-Württemberg (2004):
Bildungsplan 2004 Realschule

Ministerium für Kultus, Jugend und Sport Baden-Württemberg (2010):
Bildungsplan 2010 Werkrealschule

Schulz, Rainer; Fast, Ludger (2004):
Einführung in die Maschinentechnik. Pädagogische Hochschule Heidelberg. 23.04.2004

Staudt, Wilfriedt (1988):
Kraftfahrzeug Technik: Technologie für Automobil- und Kraftfahrzeugmechaniker.

Thane, E. (2010) :
Grundwissen. Motorarbeitsweisen.
Online unter. http://www.eric-online.de/mopeds/grundwissen.html, 14.10.2010,19.17 Uhr.

Welt Online (2009):
Der Diesel gerät ins Stottern.
Online unter: http://www.welt.de/die-welt/article3557721/Der-Diesel-geraet-ins-Stottern.html, 11.10.2010;12:34 Uhr.

Wikipedia (2010) :
Nicolaus Otto.
Online unter: http://de.wikipedia.org/wiki/Nicolaus_Otto, 14.10.2010, 19.04 Uhr.

Wikipedia (2010):
Ottomotor.
Online unter: http://de.wikipedia.org/wiki/Ottomotor, 14.10.2010, 19.09 Uhr.

Wikipedia (2010) :
Rudolf Diesel.
Online unter: http://de.wikipedia.org/wiki/Rudolf_Diesel, 14.10.2010, 20.01 Uhr.

Wikipedia (2010) :
Verbrennungsmotor.
Online unter: http://de.wikipedia.org/wiki/Verbrennungsmotor, 11.10.2010, 13.04 Uhr.

Zentralschweizer Bildungsserver (2000):
Dieselmotor 3/4.
Online unter: http://rigi.zebis.ch/inhalte/bildersammlung/naturlehre/dieselmotor3_v.JPG, 14.10.2010, 20.11 Uhr.